U0109050

癲狂和尚

八大山人

曾孜榮 主編 / 王琳 編著

中 華 教 育

癲狂和尚

八大山人

曾孜榮 主編／ 王琳 編著

責任編輯：王 玫
裝幀設計：李洺霖 鄧佩儀
排　版：李洺霖 龐雅美
印　務：劉漢舉

出版

中華教育

香港北角英皇道 499 號北角工業大廈 1 樓 B

電話：(852) 2137 2338　傳真：(852) 2713 8202

電子郵件：info@chunghwabook.com.hk

網址：http://www.chunghwabook.com.hk

發行

香港聯合書刊物流有限公司

香港新界荃灣德士古道 220-248 號荃灣工業中心 16 樓

電話：(852) 2150 2100　傳真：(852) 2407 3062

電子郵件：info@suplogistics.com.hk

印刷

深圳市彩之欣印刷有限公司

深圳市福田區八卦二路 526 棟 4 層

版次

2021 年 1 月第 1 版第 1 次印刷

©2021 中華教育

規格

12 開（240mm x 230mm）

ISBN

978-988-8676-14-9

© 中信出版集團股份有限公司 2018

本書中文繁體版由中信出版集團股份有限公司

授權中華書局（香港）有限公司在香港、澳門地區獨家出版發行。

ALL RIGHTS RESERVED

目 錄

第一章

這可怎麼辦？

明朝末年，北方的後金（也就是後來的清朝）早已經崛起，頻頻南侵，明王朝的政權搖搖欲墜。1644 年，隨着李自成率領的農民起義軍攻破京城，崇禎帝自縊身亡，大明江山就這樣覆滅了。對明朝的王公貴胄來說，這可是翻天覆地的變化……

改朝換代的動盪時代

明朝末年，以魏忠賢為首的閹黨集團把持朝政，冤案眾多，那恐怕是歷史上最黑暗的時期之一了。1627 年，明朝的第十六位皇帝，也是明朝最後一位皇帝朱由檢繼承皇位。崇禎帝生活節儉，勤於政務，即位後大力清除閹黨，為被前朝罷免的官員平反，明朝似乎看到了一絲希望。

這麼一位明君，為何最後卻亡國了呢？簡單說來，在朝廷內部，崇禎帝鏟除閹黨集團不久，朝政就又被龐大的文官集團把控，而崇禎帝無法控制他們，又因為疑心病重，總是在亂殺朝臣，朝局一片混亂。朝廷之外呢，又碰到罕見的北方大旱，瘟疫暴發，農民生活困苦，可官府不但不減免賦稅，反而不斷下令加稅。黎民百姓被逼得走投無路，紛紛揭竿起義。同時，北方的後金頻繁南侵，朝廷兩邊作戰，軍費激增，國家財政早已入不敷出。

1644 年的春天，李自成率領的農民起義軍圍攻京城。在城破前夕，崇禎帝賜死皇后和一眾嬪妃，砍殺女兒，於煤山自縊身亡。隨後，清軍入關，山河從此易主。

▶
《行書蘭亭序》清代 八大山人
174.5cm×52.3cm　故宮博物院藏

東晉永和九年農曆三月初三，王羲之在會稽山陰的蘭亭與名流舉行風雅集會。會上各人賦詩，並抄錄成集，最後大家公推此次聚會的召集人王羲之寫一序文，於是就有了這篇《蘭亭序》（又稱《蘭亭集序》）。文中不僅記錄了聚會的歡樂之情，也抒發了作者對生死無常的感慨。

剃髮為僧

對於明朝宗室來說，這簡直就是一場滅頂之災。其中，遠在江西南昌的八大山人就是明朝宗室的後代，明朝滅亡時他還不滿二十歲。

八大山人，原名朱耷（粵：答｜普：dā），生於明天啟六年（1626 年），是明太祖朱元璋第十七子寧獻王朱權的後代。明代末期，國力衰敗，一些遠支宗親已經家道中落，於是朝廷特許這些宗室子弟通過應試考取功名，但前提是必須放棄爵位。少年時代的八大山人便選擇以平民身份參加科舉考試，並考取了秀才，正準備在官場施展拳腳。誰知卻碰上明朝覆滅，王朝更迭，八大山人忽然間從皇親國戚變成飄零無依的平民，內心一定是非常失落的。

為了躲避改朝換代的混亂，八大山人隱姓埋名，潛居山野，觀望時局。可隨着南明小朝廷的滅亡和抗清運動的失敗，八大山人也徹底失望了。清順治五年（1648 年），他剃髮為僧，在江西奉新山出家。

抗清人士

　　清軍入關，激起了人們的民族氣節，他們紛紛以各種形式抗清。其中就有著名的花鳥畫大宗師——惲（粵：運｜普：yùn）壽平。

　　惲壽平，字正叔，號南田，出身書香門第，自幼在家塾讀書。清軍入關南下後，在揚州、江陰一帶大肆屠殺，惲壽平原本平靜的生活被打破了，他不得已與父親共同投身了抗清戰爭。可惜的是，他們據守的建寧城終因勢單力薄而失守，十五歲的惲壽平被俘，他的哥哥戰死，父親也在混亂中失散。

　　被囚期間，惲壽平陰差陽錯地被當時清朝的閩浙總督陳錦收為養子。在惲壽平二十歲那年，陳錦被刺身亡，總督夫人聽說靈隱寺中有神僧，就帶着家人去

　　寺中為丈夫超度亡靈……真是無巧不成書啊！惲壽平竟然在靈隱寺中遇到了失散多年的父親，父子終於團聚。

　　由於惲氏父子是在靈鷲峰（飛來峰）下的靈隱寺團聚的，後來，著名戲劇家袁枚從這段充滿波折的故事中找到靈感，把惲壽平的早年身世，編寫成劇本《鷲峰緣》。

　　惲壽平和父親回到家鄉，家中已是一片破敗，惲壽平不得不靠賣畫為生，贍養父親。他不參加科考，不眷戀官場，不攀附權貴，一生清貧，但過得磊落光明，他筆下的花草看上去明淨清雅，恰如其人。

胭香隱約遮
紅袖雲鬟茶
茗蘼翠翹
白雲溪史
翁平跋

《春花圖冊》之《薔薇》清代 惲壽平
26.3×35.7cm 上海博物館藏

惲壽平獨創了一種「沒骨法」畫花鳥，就是直接用顏色來繪花葉，而並非傳統的用細線勾勒后再填色的畫法。惲壽平的這種畫法對當時正走下坡路的花鳥畫產生了很大的影響，可以說是「近日無論江南江北，莫不家家南田，戶戶正叔」。

第二章
讓藝術解決問題！

遁入空門是八大山人的無奈之舉，但是清修的生活卻說明他從痛苦中慢慢走出來，暫時得到心靈上的自由。八大山人隱藏起皇室子弟的身份，像普通的僧人一樣過着簡樸的生活。這段時間，他的畫看起來也是靜寂的、淡然的……

芋頭、牡丹和石榴

遁入空門的八大山人雖然難忘亡國之痛，但安定的佛門生活倒也讓他感受到一絲安慰。八大山人有了充裕的時間，可以潛心學習佛理，修心養性。長期積壓在他胸中的鬱悶，也漸漸通過詩書畫排遣出來。

《傳綮寫生冊》是八大山人在佛門修行期間畫的，也是他現存最早的作品，傳綮（粵：啟｜普：qǐ）是八大山人的名號之一。這一組作品共十五幅，畫有各色蔬果、花卉、玲瓏石、松木等。它們畫幅不大，筆法也並不工整細緻，可別有一番淡泊自在的趣味。

先看《芋頭》一幅的題畫詩：「洪崖老夫煨榾柮，撥盡寒灰手加額。是誰敲破雪中門，願舉蹲鴟以奉客。」「洪崖」是八大山人祖先安息的地方，「榾柮（粵：骨啜｜普：gǔ duò）」指的是可以當柴火燒的木塊，「蹲鴟（粵：痴｜普：chī）」就是芋頭。八大山人將自己的清貧生活以一種平常的口吻訴說出來，可以看作對自己選擇佛門生活的一種鼓勵吧！

洪厓老夫煨榾柮

盡寒灰手加額是誰

敲破雪中門殢擧

蹲鴟以奉客

《傳綮寫生冊》之《芋頭》清代 八大山人
24.5cm×31.5cm　台北「故宮博物院」藏

尿天屍尿無所說又向高淺
關艸菜不是霜簁春夢斷
残苎牲揿墨中煤

《傳綮寫生冊》之《牡丹》 清代 八大山人 24.5cm×31.5cm 台北「故宮博物院」藏

左頁作品看似潦草塗抹的幾筆，畫的是國色天香的牡丹。題畫詩寫道：「尿天尿牀無所說，又向高深闢草萊。不是霜寒春夢斷，幾乎難辨墨中煤。」「墨中煤」指的是畫中用濃墨描繪的牡丹。這首詩的大意是說，國破家亡了，自己咒天罵地也無濟於事，只好寄情於水墨寫意了。八大山人早期的存世作品非常少，畫的也多是常見的瓜果花卉，但如果不看畫面上的題畫詩，很難從繪畫對象上發現他的真正用意。

這類的題材也是傳統文人畫中常見的，我們比較一下明代畫家沈周筆下的石榴和《傳綮寫生冊》中的石榴就能發現，此時的八大山人還處在臨摹前人作品的學習階段，後期那些有着強烈個人風格的作品，就是在學習摸索中慢慢醞釀成熟的。

《臥遊圖冊》之《石榴》明代 沈周
27.8cm×37.3cm　台北「故宮博物院」藏

《傳綮寫生冊》之《石榴》清代 八大山人
24.5cm×31.5cm　台北「故宮博物院」藏

畫中的預言

1674 年端午節後，四十九歲的八大山人請老朋友黃安平為他繪製了一幅全身肖像。他對這幅畫很滿意，親自用篆書題寫了「個山小像」四個字。

「個山」是朱耷除「八大山人」「傳綮」之外的又一個別號。這幅畫完成時，八大山人仍是僧人身份，可畫中的他卻是一副俗家打扮──身着布衣，足蹬草鞋，頭戴斗笠，有一種竹林散人、隱逸文士的風度。為甚麼要這樣畫呢？

疑惑還不止於此。畫面四周的留白之處有九段題跋，其中六段為八大山人親題，另外三段則分別為他的三位好友所寫。這些題跋中，有幾句話特別引人注目，比如八大山人自題：「兄此後直以貫休、齊己目我矣。」這句話是甚麼意思？

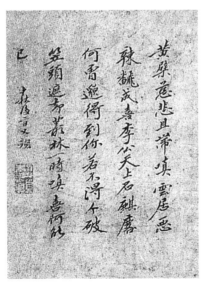
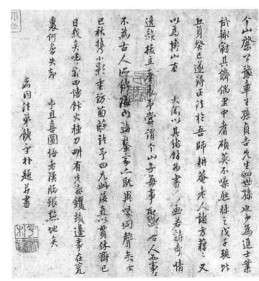

八大山人
在《個山小像》中
的幾處題跋

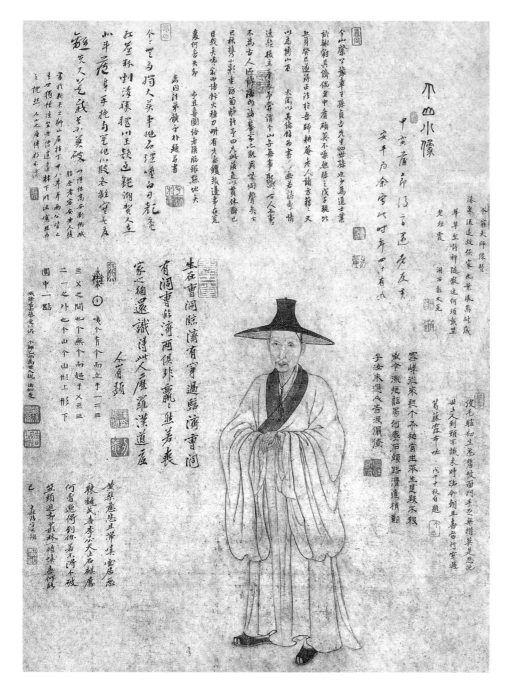

《個山小像》清代　黃安平
97cm×60.5cm　八大山人紀念館藏

貫休、齊己都是唐末五代著名的僧人，但他們並不專注於佛家的修行，而以攜詩畫雲遊四海的畫僧留名於世。八大山人以他們為榜樣，似乎表明他不想再做一個恪守清規戒律的佛門僧人了。

再看左下角八大山人自己的題跋，也是這幅畫像上最後的題跋：「…… 若不得個破笠頭，遮卻叢林，一時噴喜何能已？」大致意思是說，戴上個破斗笠，將和尚的面目遮住，徹底脫離佛門吧！

難怪畫中的他成了身着布衣粗服的模樣。

而畫中的這些暗示，都預告了後面將要發生的事情……

第三章
「癲狂」的
八大山人

身在佛門中的八大山人，希望藉禪學來減輕國破家亡的痛苦，但是常年積壓在胸中的鬱氣，終於有一天壓抑不住，徹底爆發了，成了後人口耳相傳的以「癲狂」聞名的八大山人。心性徹底釋放，反而佳作巨作頻出，讓世人望而興歎。

「驢」時期

1679 年，八大山人受邀參加在江西臨川舉辦的一次詩文盛會，詩會上多是當地官員和文人雅士，也有像八大山人一樣的外來客人。八大山人在臨川待了將近一年，每天作畫、作詩，偶爾外出遊歷，舒心愜意。可是有一天，沒有絲毫預兆地，八大山人發狂失態了。他時而大笑，時而大哭，甚至將自己身上的衣袍脫掉焚毀，硬是從臨川走回了自己的老家南昌。

臨川到南昌可是有一百公里左右的距離呢，可他硬是憑着驚人的意志力走回了家。回到南昌，他仍舊瘋瘋癲癲，整日漫無目的地在街上晃蕩，幸虧被同族的一個姪子認出，才被領回了家。

他花了幾年時間才逐漸恢復過來，不過既然已經回到家鄉，也就順勢「還俗」了。從此八大山人不再用法名「傳綮」，而是自己取了個在外人看來簡直不

《古梅圖》清代 八大山人 96cm×55cm 故宮博物院藏

可思議的自號——「驢」！

看來他是真的瘋了。

《古梅圖》是八大山人在「驢」時期非常有名的一幅作品。他畫過很多梅花，但是這幅特別有特點。畫裏是一整株梅花，粗壯的、中空的樹幹裂開，好似飽經風霜，裸露在外的根部緊緊地抓着地面，頑強地生存，從上方斜插下來的梅枝好像也有無窮的力量。

不着土的梅樹，讓人想起南宋畫家鄭思肖那幅著名的《墨蘭圖》，沒有畫土壤，也沒有畫蘭花的根莖，以此表達宋朝的土地被蒙古人奪去。八大山人借用這一典故，表達自己對故國的懷念之情。

《墨蘭圖》元代 鄭思肖 25.7×42.4cm 日本大阪市立美術館藏

無所依恃

《安晚冊》之《魚》清代 八大山人
31.8cm×27.9cm　日本泉屋博物館藏

《眠鴨圖》清代 八大山人
91.4cm×50cm　廣東省博物館藏

《孤鳥圖》清代 八大山人
102cm×38cm
雲南省博物館藏

在南昌生活的八大山人住在四面漏風的破屋裏，過着孤獨貧困的生活。生活窮苦並沒有甚麼，難的是胸中充溢着故國之悲，有口卻不能暢言。那怎麼辦呢？既然不可說，那就索性不說話了，他大書一個「啞」字貼在門上。沉默是不滿，是抗爭。除了沉默，似乎沒有更好的選擇了。

八大山人心中有多少不滿，他的作品裏就有多少不滿。他畫中的禽鳥游魚總是一副憤懣倔強的樣子，翻着白眼，冷冷地看着這個世界。

他的畫常常讓人感到清冷，畫面上的鳥、雞、樹、荷花，都那麼孤單，就像大千世界裏沒有甚麼是它們可以依恃的。可是這孤獨的畫面流露出的並不是軟弱的氣息，而是以一種倔強的姿態向世人表明，哪怕只剩他一個人，他也不會向命運低頭的。

《雜畫圖冊》之《兔》清代 八大山人
23.3cm×26.3cm　故宮博物院藏

《安晚冊》之《貓》清代 八大山人
31.8cm×27.9cm　日本泉屋博物館藏

山水畫是最能表現八大山人內心悲憤的。

八大山人的山水畫學習了歷代山水畫名家的構圖與筆法，比如五代畫家董源，宋代畫家米芾、郭熙，元代畫家黃公望、倪瓚等。他曾在一首題畫詩中寫道：「郭家皴法雲頭小，董老麻皮樹上多。想見時人解圖畫，一峰還寫舊山河。」「郭家」「董老」指的就是郭熙和董源了。

他還常常把景物推至畫面邊緣，甚至畫外。這樣的特殊構圖，無非就是暗示自己正如畫面中的事物一樣，被清政府和社會推到了生命的邊緣地帶，甚至連

《山水花鳥冊》 二幅　清代　八大山人　37.8 cm×31.5cm　上海博物館藏

靈魂都要脫離自己的軀殼。這種「一角」「半邊」的殘景式構圖，截取題材的某一部分入畫，再以特寫着重，曲折地表達了國破家亡、山河破碎帶給他的苦痛。他曾在一首詩中寫道：「墨點無多淚點多，山河仍是舊山河。橫流亂世杈椰樹，留得文林細揣摹。」就是這種心境的寫照。

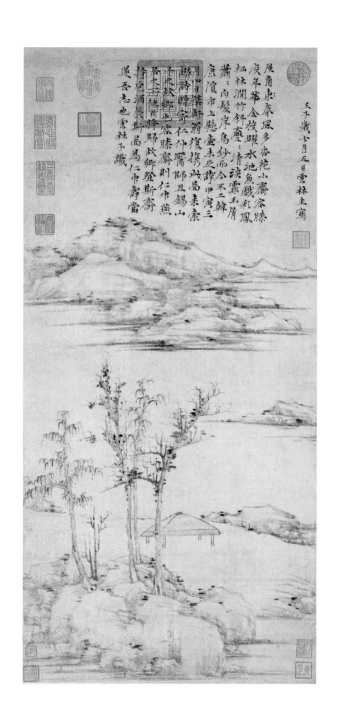

《容膝齋圖》元代 倪瓚
74.7cm×35.5cm　台北「故宮博物院」藏

元代畫家倪瓚以畫面平淡簡潔著稱，用以抒寫胸中的孤憤。
八大山人學習了倪瓚這種寧靜的筆味，來表達自己不平的心境。

河上花

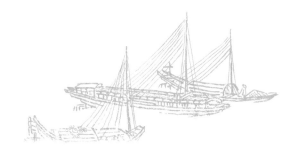

《山水花鳥冊》之《荷花》清代　八大山人
37.8cm×31.5cm　　上海博物館藏

　　《河上花圖》是八大山人七十二歲時應朋友之請而作，全長近十三米，是他晚年罕見的長卷畫作。八大山人的作品大多是即興創作，常常隨心隨性，而這幅作品歷時近四個月才完成，可見他對這幅作品的重視。

　　全卷主要展現姿態各異的荷花，間或有河中飄搖的水草，展現炎炎夏日的自然風情。

　　荷花有很多名字，古人稱未開的荷花為菡（粵：咸五聲｜普：hán）萏（粵：淡｜普：dàn），開放後則為芙蓉，還有諸如蓮花、水芝、玉環等。自古以來，荷花就是中國文人最喜愛的一種花卉，象徵着高潔的品性人格，正如北宋周敦頤在《愛蓮說》中寫的「出淤泥而不染……可遠觀而不可褻玩焉」。

　　八大山人為甚麼要給這幅作品取名「河上花」呢？

　　相傳，道教中有一位地位超高的得道高人，名叫河上公，他最主要的貢獻就是為老子的《道德經》作注。傳說河上公唯一喜愛的花就是清淨的荷花。這幅作品的名字便暗示了畫作與這一典故之間的關聯。

《荷花雙禽圖》清代　八大山人
171cm×47cm　天津博物館藏

《荷塘雙鳥圖》清代　八大山人
168.9cm×91.5cm　旅順博物館藏

《河上花圖》清代 八大山人 47cm×1292.5cm 天津博物館藏

八大山人的畫，大多賦予物象以生動的人格，這幅長卷也不例外，畫中的荷花，無疑是他自己命運的寫照……

卷首有一株從河上躍起、剛剛綻開的幼荷。枝幹挺拔、花苞堅實，隱喻他初涉人世時的遠大志向；畫面隨即走上陡峭的山坡，荷花彎枝低腰，努力從石縫中探出頭來，這是青年時的他，還沒有施展自己的抱負便遇到了國破家亡的挫折。

　　接下來是崎嶇的河牀、枯木、亂石與雜草，荷花愈加殘敗，在困境中殘喘度日。畫卷結尾那一段的景致更是淒涼，成片成片的荒蕪土坡，已不見一枝荷花、一片荷葉，僅有星星點點的蘭草竹葉雜生其間。「人活一世，草木一秋」，他似乎在悲觀地暗示自己的一生，也將在蕭索之中終結。

　　經歷過坎坷人生，行將老去，但若能像荷花一樣始終「出淤泥而不染」，又是多麼難得啊！

《河上花圖》局部

第四章

畫家二三事

從皇室後裔到出家為僧，再到還俗，八大山人的命運跌宕起伏。經歷如此複雜的一個人，身上一定隱藏了很多的秘密，這些秘密至今都沒有完全被解開。幸虧有了這些留傳下來的作品，讓我們能離他近一點，再近一點……

猜不透的詩

八大山人從小就受到良好的教育，據說八歲就會賦詩作文。他現存的詩文大都題在自己的畫上，語言古奧、含義隱晦，向來為人們所費解。由於他的特殊身份和所處的特殊時代，他不能像其他畫家那樣直接抒發自己的情感，只能將禪語和歷史典故藏在詩文之中，讀他的詩就像猜一個費解的謎。

《傳綮寫生冊》之《湖石》 清代　八大山人　24.5cm×31.5cm　台北「故宮博物院」藏

比如《湖石》的題詩：「擊碎須彌腰，折卻楞伽尾。渾無斧鑿痕，不是驚神鬼。」其中，「須彌」是佛教傳說中的神山；「楞伽」則與佛教的《楞伽經》有關，「不是驚神鬼」是佛門用語，四句詩裏三句都與佛教有關，讓人摸不到頭腦。

不管八大山人的詩文是如何語焉不明，藉書畫寄情的做法卻是和文人畫的傳統相吻合的。看八大山人的《山水花鳥冊》中的《雛雞》，甚麼背景都沒有，只有旁邊的題詩：「雞談虎亦談，德大乃食牛。芥羽喚僮僕，歸放南山頭。」筆墨是簡淨的，視覺效果又是極強的。

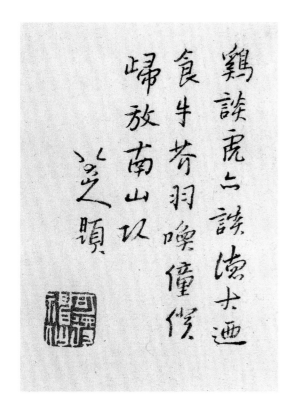

《山水花鳥冊》之《雛雞》局部

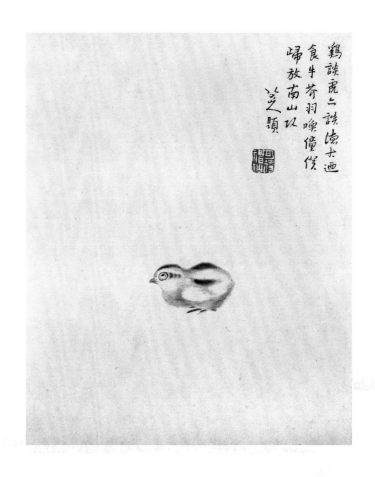

《山水花鳥冊》之《雛雞》清代 八大山人
37.8cm×31.5cm　上海博物館藏

無法複製的書法

博望孥矦矢殷大
葉如拨荍乡外
六娘剑衕方邁
團團円円吴鱼
會河上儸人區
圖畫择枸拄
復六十入矣凉
儘作为冠戴
余日匡廬山宠
林遍東晉黄劉
向開比算来一百
以潁合以宁大
金劉小攙玖爭

《河上花圖》題跋局部

八大山人自小就能懸腕寫小楷，到了晚年則重新在古代碑帖上下功夫，寫篆書，把篆書圓渾、拙厚的筆法運用到出神入化的狀態。

我們再看那張《河上花圖》。在畫面最後，八大山人自題了一首長詩《河上花歌》，這也是他為數不多的長歌之一，用的是他標誌性的書法──簡單地說，就是用篆書的筆法去寫行草書。

「河上花，一千葉，六郎買醉無休歇。萬轉千迴丁六娘，直到牽牛望河北。欲雨巫山翠蓋斜，片雲捲去昆明黑。饋爾明珠擎不得，塗上心頭共團墨……」《河上花歌》其實是八大山人對自己一生境遇和晚年心態的集中概括。

哭之笑之

看到這裏，你應該不難發現，八大山人是個非常喜歡給自己換名號的怪人，比如「個山」「傳綮」「驢」等。但這只是他名號中很少的一部分，我們細看他作品上的印章可以發現，他使用過的名號竟然有二十多個！

「驢」：五十六歲那年，八大山人給自己起了一個不太雅致的名號——「驢」。因為他的名字是朱耷，有人認為，他名字中的「耷」字與驢有關，是「驢」字的簡寫。也有人認為，在江西民間俗語中，驢常常用來嘲諷一個人的無能。

「口如扁擔」：癲狂之後，八大山人「啞」了，還大書一個「啞」字貼在門上。這段時間，他經常在書畫作品的題款——「個」字下面加上「相如吃」三個字。相傳漢代的文學家司馬相如有口吃的毛病，八大山人此處便借這位古代先賢解釋自己的「啞」。

驢

驢屋人屋

口如扁擔

個相如吃

「八大山人」：康熙二十三年（1684 年），朱耷第一次使用「八大山人」的號，他在書畫作品上落款時，常把「八大山人」四字連綴起來，看起來既像「哭之」，又像「笑之」，因而就有了「哭之笑之」的寓意，寄託他哭笑皆非的玩世心情。

「何園」：「何」通「荷」，八大山人對荷花的喜愛也體現在他的印章上，就連他書齋的名號「在芙山房」也與荷花有關係。

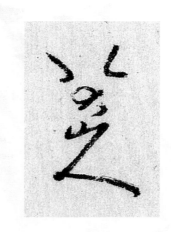

像「哭之」，又像「笑之」的題款

何園

在芙

在芙山房

《松樹雙鹿圖》清代 八大山人
182cm×91.4cm 中國國家博物館藏

《松樹雙鹿圖》局部

第五章

知道更多：
清初畫壇

中國的傳統繪畫常常是歷史的縮
影。在清朝初年的繪畫裏，同樣
也能發現王朝更迭時的動盪不安。

主流「四王」

明朝之後，畫派林立，這也影響到了清朝的畫壇。畫家們就像武林中人，各有各的觀點流派，各有各的看家絕活。不過我們可以根據他們的創作態度大概將他們分成兩種派別：正統的和獨創的。

正統一派的代表被稱為「四王」，說的是四位恰好都姓王的畫家：王時敏、王鑒、王原祁、王翬。「四王」繼承了晚明時期的書畫大宗師董其昌的理念，將宋元名家的筆法視為繪畫的最高水準，也就是所謂的「正統」。這種推崇正統的做法自然也受到清朝皇帝的認可，「四王」的藝術主張也就往往被視為「正宗」。

王時敏是「四王」中最年長的一位，也可以說是四人中的領袖式人物。他的祖上就在朝廷居要職，因為家世的原因，王時敏少年時幸運地得到董其昌的親自教導，認真研習前代繪畫。董其昌去世後，他延續了老師的藝術主張，成為清初摹古藝術潮流的領軍者。王原祁是王時敏的孫輩，曾被康熙皇帝賜予「藝林三絕」四字，祖孫兩位大畫家，成為畫壇的一段佳話。

《杜甫詩意圖冊》之一 清代 王時敏
39cm×25cm 故宮博物院藏

《康熙南巡圖》（濟南至泰山）局部 清代 王翬、楊晉等
美國大都會藝術博物館藏

王翬有「清初畫聖」之稱，他曾花費三年時間繪製巨作《康熙南巡圖》，也因此受到康熙皇帝的高度褒獎。

《廬鴻草堂十志圖》 之一　清代　王原祁　29cm×29.5cm　故宮博物院藏

《山水清音圖冊》之一 清代 王鑒
25.7cm×16.5cm 美國大都會藝術博物館藏

王鑒是明代著名文人王世貞曾孫，同樣接受
過董其昌的親自教導。

自有我在

與當時追求「正統」風格的畫壇格格不入的是以四位僧人——弘仁、髡（粵：坤｜普：kūn）殘、八大山人、石濤為代表的創新一派，簡稱「四僧」。他們四位除了都是僧人，還都是明朝的「遺民」。

石濤是明靖江王朱讚儀的十世孫，原名朱若極。明朝末期，他的父親朱亨嘉在廣西桂林稱王，後被捕殺。年僅四歲的石濤在內官的庇護下，隱姓埋名，入寺為僧。

八大山人曾抄寫陶淵明的《桃花源記》寄往揚州，請石濤補畫《桃花源圖》。同年石濤也畫了《春江垂釣圖》並題詩一首贈給八大山人。八大山人還為石濤在揚州的住所大滌草堂繪製了《大滌草堂圖》。1699 年，八大山人前往大滌草堂拜會石濤，二人還合作了一幅山水畫。兩位藝術天才以書畫交流，也是一段佳話，可惜此畫作未能流傳下來，無緣見到了。

石濤重視寫生，他有一幅山水畫，名字就叫《搜盡奇峰打草稿》，幾乎所有學習過傳統山水畫的中國人都知道這句話，它甚至成了一句口號，號召畫家要

《陶淵明詩意圖冊》之一　清代　石濤
21.3cm×27cm　故宮博物院藏

這一圖冊是石濤根據東晉詩人陶淵明的詩句創作的。陶淵明是田園詩的創始者，他的詩不僅反映出田園生活的美好與自然，更流露出徘徊於出仕與歸隱之間的矛盾。石濤顯然非常讚賞這種避世獨處、與世無爭、樂天安命的人生哲學，通過描繪回歸自然、淡泊名利、不與統治者合作的隱士陶淵明來寄託自己美好的理想。

在大自然中尋找創作的靈感。

不過也曾有人批評石濤的畫是「野狐禪」，覺得他的畫不入流，但他毫不在乎地答覆：「縱使筆不筆，墨不墨，畫不畫，自有我在！」

弘仁，俗姓江，名韜，出生於安徽一個沒落望族家庭。他因不願歸順清朝而削髮為僧，法名弘仁。

除了日常禮佛，他常寄情於筆墨。弘仁有一方印——「家在黃山白岳之間」，據說「歲必遊黃山」，可見山水性情是他一生藝術生活的重要內容。

弘仁的畫學倪瓚，卻並不拘泥於倪瓚的風格。倪瓚的畫充斥着冷靜荒寒之氣，弘仁則在倪瓚的基礎之上將作品與自然寫生很好地融合在一起，超脫、簡淡，非常有個人特色。

《山水冊》之一，局部　清代　弘仁　上海博物館藏

《潑墨溪山圖》清代 髡殘 77.2cm×27cm 天津博物館藏

據說髡殘為人倔強，沉默寡言。自幼喜歡讀書作畫，談佛論道。二十七歲時，他迫於父母逼婚，遂削髮為僧，雲遊名山，也曾為躲避戰亂而在深山中吃盡苦頭，以至於日後疾病纏身。

髡殘的禪學修為受到眾多高僧的讚揚，繪畫也特別下功夫，但在「四僧」當中，他的畫作流傳下來的最少，這大概與他不喜歡與人交往的性格有關。但大自然卻是他最信任的好友，他的繪畫也以山水見長，構圖繁複重疊，創造出引人入勝的畫境。

▶《潑墨溪山圖》局部

第六章 藝術小連接

禪畫

禪畫是中國畫獨有的一種，從字面上來解釋，就是修禪者用筆墨來表達禪意的繪畫。重點不是畫的內容，而是畫背後深藏的意義。禪畫盛行於唐宋。宋元時期，從參禪畫家中分離出一些文人畫家，明末清初的禪畫更是發展到頂峰。禪畫傳到日本後，更是發揚光大。

王維被認為開禪畫之先河，蘇軾評價說：「味摩詰之詩，詩中有畫，觀摩詰之畫，畫中有詩。」至五代兩宋時期，出現了一批畫僧。唐末五代貫休和尚筆下的羅漢面貌古野、形象誇張，好似禪宗「頓悟」的一個圖像暗喻。

南宋的牧溪，法名法常，是禪畫的代表人物。牧溪對日本繪畫影響深遠，甚至被譽為「日本畫道之大恩人」，對後世的八大山人也有很大的啟發。他的筆墨淡泊粗獷，平平常常，但是畫卷墨色的隨機暈染、筆觸的神奇變化，卻又分明蘊含着禪機。

南宋擅長禪畫的畫家梁楷，曾在畫院得過皇帝賞賜的最高榮譽——金帶，不過他不想被規矩羈絆，將金帶掛在牆上離去了。《六祖截竹圖》畫的是六祖慧能砍竹頓悟的故事，以簡括的線條表達出事物的特徵，寥寥幾筆就勾勒出人物的姿態神韻。

日本高台寺收藏的傳為貫休繪製的羅漢像

《六祖截竹圖》局部 南宋 梁楷 東京國立博物館藏

《水墨寫生圖》局部 南宋 牧溪 故宮博物院藏

大寫意花鳥畫

明代的徐渭是一位和八大山人一樣「瘋癲」的畫家，鄭板橋曾說願做「青藤門下走狗」，齊白石「恨不生三百年前，為青藤磨墨理紙」。「青藤」說的就是青藤居士徐渭了。

徐渭有一幅非常有名的作品《雜花圖卷》，從右至左描繪了十三種不同的植物。牡丹開篇，石榴花、荷花緊隨其後；接着一株高大的梧桐躍然紙上，所佔篇幅是前三種花卉的總和，幾筆點染的菊花、南瓜、扁豆、紫薇自成一組，承上啟下；緊接着葡萄和芭蕉出現，這是全畫主體部分，將畫卷氣勢推向高潮；最後一部分則是用淡墨勾勒出的梅花、水仙和竹子。

我們在觀看這幅畫作的時候，就像在聆聽交響樂，可以感受到畫家那奔放的情感。

《雜花圖卷》局部 明代 徐渭 南京博物院藏

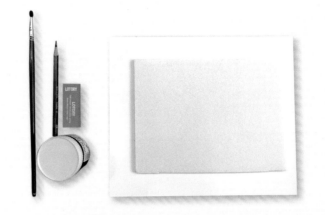

第七章 版畫工坊

創作形式：粉印版畫

1 準備材料：吹塑紙（厚）、鉛筆、橡皮、水粉筆、白卡紙、黑色水粉顏料、筆洗。

2 選擇八大山人的一幅作品，用鉛筆在吹塑紙上刻畫出大概的形象。這裏我們選擇一條小魚做示範。

3 用水粉筆在刻好的魚身上塗顏色，注意顏色的深淺變化，有些形體要注意留白。

準備一張白卡紙，將塗好顏色的吹塑紙倒扣在卡紙上，用手反覆按壓吹塑紙版。

 輕輕拿起吹塑紙，剛剛塗的顏色就拓印在白卡紙上了。如果顏色太淡，可重複第二步和第三步。通過拓印，我們能類比出水墨畫的效果。

完成！

參考書目

崔自默，《八大山人全集》，河北：河北教育出版社，2010 年。

胡光華，《八大山人》，吉林：吉林美術出版社，1997 年。

參考論文

《清初四僧—遺民僧人的翰墨情懷》，《紫禁城》2017 年 4 月號。

（本書「版畫工坊」，由北京啟源美術教育原慶、季書仙、江亞東設計並製作。）